BEI GRIN MACHT SICH IHR WISSEN BEZAHLT

- Wir veröffentlichen Ihre Hausarbeit,
  Bachelor- und Masterarbeit

- Ihr eigenes eBook und Buch -
  weltweit in allen wichtigen Shops

- Verdienen Sie an jedem Verkauf

Jetzt bei www.GRIN.com hochladen und kostenlos publizieren

Denise Zielbauer

Strukturformen in Mitteleuropa

GRIN Verlag

Bibliografische Information der Deutschen Nationalbibliothek:

Die Deutsche Bibliothek verzeichnet diese Publikation in der Deutschen National-
bibliografie; detaillierte bibliografische Daten sind im Internet über http://dnb.d-
nb.de/ abrufbar.

Impressum:

Copyright © 2008 GRIN Verlag GmbH
Druck und Bindung: Books on Demand GmbH, Norderstedt Germany
ISBN: 978-3-656-05770-3

Dieses Buch bei GRIN:

http://www.grin.com/de/e-book/113391/strukturformen-in-mitteleuropa

RUPRECHT-KARLS-UNIVERSITÄT

HEIDELBERG

Geographisches Institut

SS 2008

Proseminar: Das Relief der Erde

Strukturformen in Mitteleuropa

DENISE ZIELBAUER

Staatsexamen Geographie

4. Semester

Inhaltsverzeichnis

1. Einleitung

Schichtstufenlandschaften sind das Ergebnis einer viele Millionen Jahren langen Erdgeschichte, auf die das Meer, Flüsse, Wind, aber auch Kräfte aus dem Erdinneren gewirkt haben. So ist ein Mosaik aus vielfältigen Einzellandschaften entstanden. Eindrucksvoll kann das Wirken dieser endogenen und exogenen Kräften am Beispiel der Süddeutschen Schichtstufenlandschaft aufgezeigt werden.

Die vorliegende Arbeit beginnt mit der Erläuterung des Begriffes der geologischen Strukturformen und beschreibt die Grundlagen von Bruchtektonik. Als Beispiel für die Strukturform eines Grabens mit Staffelbrüchen wird noch kurz auf die Genese des Oberrheingrabens eingegangen.

Der letzte thematische Punkt dieser Hausarbeit beschreibt die Schichtstufenlandschaft, deren Genese, sowie deren Aufbau. Beispielhaft sind die Süddeutsche Schichtstufenlandschaft, deren Gesteinsverteilung, sowie die inhaltliche Auseinandersetzung mit der Schwäbischen und Fränkischen Alb.

2. Geologische Strukturformen

Als geologische Struktur wird der innere Aufbau der oberen Erdkruste bezeichnet. Die räumliche Anordnung von Gesteinen, wie auch deren Gefüge ihrer Unstetigkeitsflächen (Verwerfungen, Klüfte und Schichtgrenzen) sind von enormer Bedeutung. Strukturbedingte Formen zeigen in ihrem Erscheinungsbild eine signifikante Abhängigkeit von der Struktur (AHNERT, F. 2003, S. 287). Strukturformen hängen überwiegend mit endogenen Prozessen, Skulpturformen mit exogenen Prozessen zusammen. Die Entstehung von Strukturformen geht also hauptsächlich auf geologisch- tektonische Vorraussetzungen zurück.

2.1. Bruchtektonik

Verfestigte, starre Krustenteile reagieren stark auf Zug- und Druckwirkungen. Durch diese Kräfte wird der vorherige Schichtzusammenhang zerbrochen und es kommt zu Bruchstrukturen.

2.1.1. Verwerfungen

„Verwerfungen sind einzelne oder eng gescharte Klüfte, an denen horizontale oder vertikale Scherbewegungen des Gesteins stattfinden oder stattgefunden haben [und sie] unterbrechen die vorherige Kontinuität des Gesteinsverbandes (...)." (AHNERT, F. 2003, S. 291)

Bei einer Verwerfung mit vertikaler Schollenbewegung werden je nach Neigung und Einfallsrichtung der Bruchfläche verschiedene Typen unterschieden:

Ist „die Bruchfläche von der gehobenen zur abgesenkten Scholle hin geneigt" (AHNERT, F. 2003, S. 291), spricht man von *Abschiebung* (a).

Aufschiebungen laufen entgegengesetzt ab, da ihre Bruchfläche in die Richtung der gehobenen Scholle einfällt. Es findet hier nicht nur eine vertikale Bewegung statt, sondern die beiden Schollen werden hier auch noch zusammengeschoben (b). Aus der Aufschiebung wird eine *Überschiebung*, „wenn die Bruchfläche mit flachem Winkel zur gehobenen Scholle hin einfällt" (AHNERT, F. 2003, S. 291). Eine zwischen zwei einander zugekehrten Verwerfungen abgesenkte Scholle bildet mit den Rändern der höher liegenden benachbarten Schollen eine *Graben* (f). Das Gegenstück zum Graben stellt der *Horst* dar, welcher sich zwischen zwei Verwerfungen hebt (e). Als Staffelbrüche werden Serien von zueinander parallelen, hintereinanderliegenden Verwerfungen bezeichnet. Als *Bruchstaffeln* werden die Teilstaffeln eines Staffelbruches bezeichnet, die treppenartig im Staffelbruch angeordnet sind (e, f).

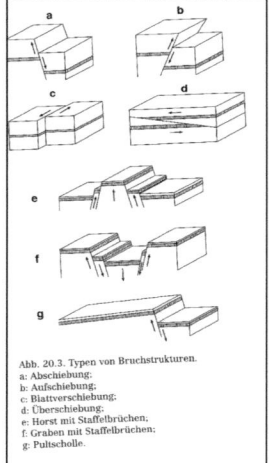

Abb. 20.3. Typen von Bruchstrukturen.
a: Abschiebung;
b: Aufschiebung;
c: Blattverschiebung;
d: Überschiebung;
e: Horst mit Staffelbrüchen;
f: Graben mit Staffelbrüchen;
g: Pultscholle.

Abb.1

Das Maß einer Verwerfung wird *Sprunghöhe* genannt und zeigt den Betrag der senkrechten Verschiebung der beiden angrenzenden Schollen an.

2.1.2. Bruchstufe und Bruchlinienstufe

Eine Bruchstufe entsteht sowohl durch Aufschiebungen, wie auch Abschiebungen längs einer Verwerfungslinie. Das Verhältnis zwischen der Intensität der Denudations- , sowie Erosionsprozesse und der Hebungsrate ist maßgeblich für die Formgestalt von Bruchstufen. Diese unterscheiden sich deutlich von Bruchlinienstufen: Bruchlinienstufen entstehen erst nach dem Ende der Schollenbewegung und sind somit nicht eine unmittelbare tektonischer Bewegung. Sie entwickeln sich häufig erst nach der Abtragung und Einebnung der ursprünglichen Bruchstufe (AHNERT, F. (2003), S.292 f.).

2.1.3. Oberrheingraben

Der Oberrheingraben stellt die größte Grabenstruktur Mitteleuropas dar und erstreckt sich in etwa 300 km über Basel bis Mainz und weist eine Breite von etwa 30 km auf. Er ist Bestandteil eines großen Bruchsystems, der Mittelmeer-Mjösen-Zone, „die vom Oslograben in Norwegen bis zur Rhonemündung reicht (...)" (BAUMHAUER, R. (2006), S.126).

Die Genese des Oberrheingrabens begann im Tertiär. Als die Afrikanische Platte nach Norden driftete, „kollidierte [sie] mit der Eurasischen Platte und vollzog später eine Rotationsbewegung gegen den Uhrzeigersinn" (Diercke (2007), S.90). Dadurch entstand eine immense Druckspannung in der Lithosphäre, was unter anderem zu einer Aufwölbung am Oberrhein führte. Die Lithosphäre überdehnte sich und riss schließlich auf. Die Erdkruste senkte sich und zersprang in viele, unterschiedlich große Teile. Stufenförmig sank die zerstückelte Kruste an den Randverwerfungen ab und Bruchschollen bildeten sich.

Zeitgleich setzte eine Hebung der Grabenschultern, quasi des heutigen Schwarzwaldes und der Vogesen, ein. Erst im Jungtertiär entwickelten sich die Grundstrukturen unseres heutigen Entwässerungssystems und der Rheinlauf (DIERCKE (2007), S.90).

Durch starke Erosionen der Gesteinsschichten an den Flanken des Oberrheingrabens, sowie in dem Graben selbst (rückschreitende Erosion) , kam es zu sedimentären Ablagerungen in diesem. Im Bereich von Heidelberg sind diese Füllschichten über 3000m mächtig. Das „Heidelberger Loch" ist mit 3500m Tiefe die tiefste Stelle des Oberrheingrabens. Da einzelne Teilstücke auch jetzt noch um bis zu 0,7 mm pro Jahr absinken, ist anzunehmen, dass die Absenkung des Grabens bis heute noch nicht abgeschlossen ist (HENNINGSEN,D.; KATZUNG, G. (2006) S.139).

3. Die Schichtstufenlandschaft

Die Schichtstufenlandschaft ist in allen Klimazonen der Erde vorzufinden. Sie zeichnet sich durch ein asymmetrisches Talprofil aus und beschreibt einen „Landschaftstyp der durch die Abfolge sanft geneigter Flächen (Stufenflächen) und steiler Stufen (Schichtstufen) gekennzeichnet ist"

(http://de.encarta.msn.com/encyclopedia_721537538/Schichtstufenlandschaft.html). Die Schichtstufenlandschaft ist das Resultat eines geologischen Prozesses, der sich über Millionen von Jahren erstreckt und teilweise noch heute andauert.

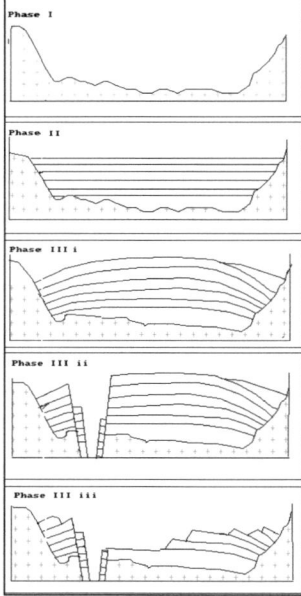

Abb.2

Eine wichtige Vorraussetzung für die Entstehung einer Schichtstufenlandschaft ist die Schrägstellung des Grundgebirgssockels mit seinen mesozoischen Ablagerungsschichten, was eine leichte Schrägstellung des Schichtpaketes zur Folge hat. Werden die Gesteinsschichten überdehnt kommt es zu einem Auseinanderbrechen des Schichtpaketes und zur Bildung von Bruchstrukturen. Wichtig sind hier auch vorherrschende Denudations- und Erosionsprozesse, sowie Flusserosion und Verwitterung, welche die Schichten zusätzlich herausbilden.

Schichtungen kommen durch großflächige Sedimentation von Gesteinen zustande. Das Material in den jeweiligen Schichten weist unterschiedliche chemische Zusammensetzungen, sowie verschiedene Korngrößen auf. Eine wichtige Vorraussetzung für die Entstehung einer

Schichtstufenlandschaft ist dieser Wechsel von morphologisch harten und morphologisch weichen Sedimentgesteinen.

Eine morphologische Härte beschreibt die Resistenz, die ein Gestein gegenüber Verwitterung und Abtragung aufweist (FISCHER, F. 1998, S.5). Morphologisch harte Gesteine sind zum Beispiel quarzistischer Sandstein oder Kalkstein; morphologisch weiche Gesteine sind unter anderem Schiefer und Mergel, sowie Sandsteine mit einem tonigem Bindemittel.

Durch die unterschiedliche morphologische Härte kommt es zu einer ungleichen Abtragung der Schichtpakete. Die obenauf liegende, morphologisch härtere Schicht wird langsamer abgetragen, als die morphologisch weichere, darunter liegende Schicht. Diese verwittert jedoch schneller, was eine Unterhöhlung der morphologisch härteren Schicht zur Folge hat. Diese bricht nach und es entsteht eine immer weiter zurückwandernde Kante.

3.1. Aufbau

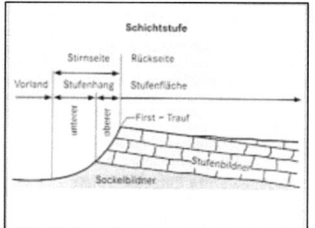

Der Sockelbildner zeichnet sich durch schwach verwitterungsresistentes, morphologisch weiches Gestein aus. Über diesem liegt der Stufenbildner, der aus morphologisch hartem, stärker widerstandsfähigem Gestein besteht.

Abb.3

Betrachtet man die Schichtstufe im Querschnitt kann zwischen Stufenhang (Stirnseite) und Stufenfläche (Rückseite) unterschieden werden.

Der obere Stufenhang, befindet sich in dem vom Stufenbildner eingenommen Hangbereich; der untere Stufenhang umfasst den Hangbereich des Sockelbildners.

Der Stufenfirst ist der höchster Punkt der Schichtstufe und liegt an der Oberkante des Steilabfalls. Er markiert die Grenze zwischen Stufenhang und Stufenfläche. Ein Trauf bezeichnet die Oberkante der Schichtstufe am Übergang zum Stufenhang. Der Begriff Walm hingegen bezeichnet die ganze Spitze der Schichtstufe zwischen Trauf und Stufenfirst.

Bezüglich des geologischen Baus werden bei heterolithen Schichtstufen (Wechsel von morphologisch hartem und morphologisch weichem Gestein) Front- und Achterstufen unterschieden. Als Frontstufe wird die Seite der Schichtstufe bezeichnet, die sich vom Stufenfirst aus in entgegengesetzter Richtung zum Schichtfallen entwickelt. Eine Achterstufe beschreibt den rückwärtigen Teil einer Stufenfläche; hier „fallen die Schichten zum Stufenhang hin ein" (GEBHARDT, H. et al. (2007), S.324).

3.1.1. Schichtstufentypen

Man kann drei Schichtstufentypen in Abhängigkeit ihres Stufenhangs unterscheiden: Die Walmstufe, die Traufstufe, sowie die Traufstufe mit Walm.

„Stufen mit scharf ausgeprägtem First heißen *Traufstufen*, solche mit abgeschrägtem oder breit zugerundeten First heißen *Walmstufen*" (AHNERT, F. (2007), S.297). Letztere verzeichnet eine konvexe Übergangsböschung zwischen First und Stufenhang.

„Bei der *Traufstufe mit Walm* verschneidet sich der konkave Stufenhang mit dem Walm zu einer scharfen Stufenkante." (GEBHARDT, H. et al. (2007), S.324)

3.2. Entwicklung des Stufenhangs einer Schichtstufe

Durch das Gestein des Stufenbildners sickert nach und nach Niederschlagswasser, welches sich schließlich über dem wasserundurchlässigen Sockelbildner staut und somit im Stufenbildner als Grundwasser gespeichert wird. „An der im Hang ausstreichenden Schichtgrenze tritt das Wasser in Schichtquellen (...) und als Sickerwasser wieder zutage" (AHNERT, F. (2007), S.299).

Durch diese Wasseraustritte kommt es zu einer linienhaften Durchfeuchtung des Grenzbereichs zwischen Stufenbildner und Sockelbildner. Das durchfeuchtete Gestein ist hier nun stärker der Verwitterung ausgesetzt. Es kommt zu einer Quell- und Sickerwasseruntergrabung im wasserstauenden Bereich des Stufenbildners. Folgen dieser Untergrabung sind zum Beispiel Bergrutsche, Steinschlag oder Felsstürze. Dies führt zu einer Rückverlagerung, sowie Versteilung der Schichtstufen.

„Zeugen" solcher Rückverlagerungen sind sogenannte Zeugenberge. Diese waren früher ein Teil der nun zurückversetzten Schichtstufen und markieren deren ursprüngliche Anfangslage. Ihre Gipfel bestehen aus Resten einer harten Schicht (Stufenbildner), durch diese die darunter liegende, morphologisch weichere Schicht (Sockelbildner)geschützt wird.

Vorstufe eines Zeugenberges ist der sogenannte Ausleger, dessen Oberhang noch mit der Hauptstufe der Schichtstufe verbunden ist.

3.3. Verwandte Formen

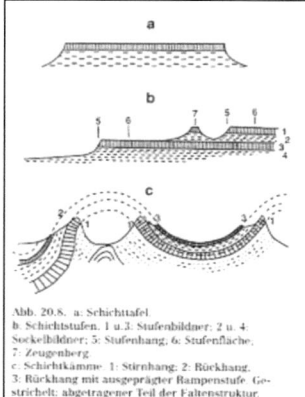

Abb. 20.8. a: Schichttafel.
b: Schichtstufen. 1 u.3: Stufenbildner; 2 u. 4:
Sockelbildner; 5: Stufenhang; 6: Stufenfläche;
7: Zeugenberg
c: Schichtkämme. 1: Stirnhang; 2: Rückhang,
3: Rückhang mit ausgeprägter Rampenstufe. Ge-
strichelt: abgetragener Teil der Faltenstruktur.

Je nach Einfallen des Schichtenpakets entstehen unterschiedliche Arten schichtabhängiger Landformen. Bei horizontaler Lagerung entsteht eine sogenannte *Schichttafel*; fallen die Schichten leicht ein und neigen sich bis maximal 5 oder 6 Grad, spricht man von einer *Schichtstufe*. Ein steileres Einfallen der Schichten (>6 Grad) wird als *Schichtkamm* bezeichnet. *Schichtrippen* treten bei sehr steilen oder nahezu senkrecht einfallenden Schichten auf.

Abb.4

3.4. Entwässerungsrichtungen

Versickert Wasser durch den Stufenbildner, staut es sich als Grundwasser über dem Sockelbildner. An dieser Grenzfläche kommt es nun zu Quellaustritten. Dieses Quellwasser fließt dem Schichteinfallen entgegen (*obsequent*), führt quasi von der Schichtstufe weg. Fließt ein Fluss parallel zum Stufenrand (sozusagen orthogonal zu einem obsequenten Fluss) bezeichnet man diesen als *subsequent*.

Achterstufen haben meist eine effektivere Abtragung als Frontstufen, da „durch das Schichteinfallen [ein] größerer Wasserfluss ermöglicht wird" (SEMMEL, A.(1991), S.5). Die Gerinne, die hier also in Richtung des Schichteinfallen verlaufen, sich jedoch erst nach der Entstehung der Stufe gebildet haben, werden als *resequent* bezeichnet.

Verläuft ein Fluss in Richtung des Schichteinfallens und war bereits vor der Bildung der Stufe vorhanden, wird er als *konsequent* bezeichnet (SEMMEL, A. (1991), S.5).

3.5. Beispiel: Das Süddeutsche Schichtstufenland

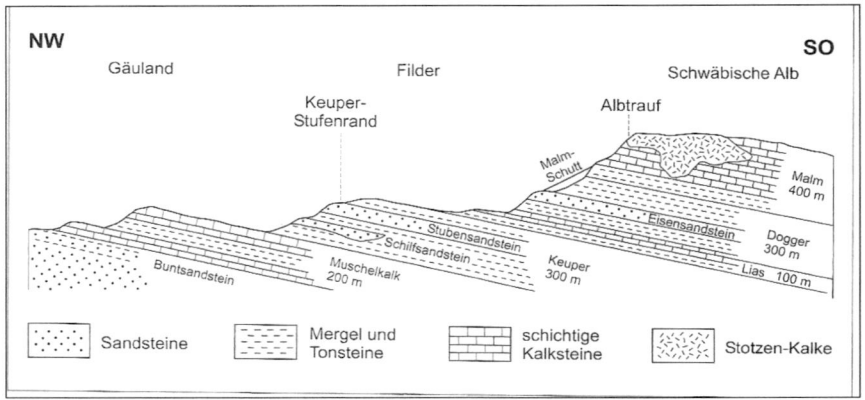

Abb.5

Das Süddeutsche Schichtstufenland entstand vor über 65 Millionen Jahren im Mesozoikum. Schwarzwald und Vogesen bilden ein Hebungszentrum, das seit der Oberkreide aktiv ist. Dort kommt anstehendes kristallines Grundgebirge zum Vorschein. Das Saarländisch- Pfälzische, sowie das Elsässisch- Lothringische Stufenland leiten im Westen ins Pariser Becken über. Grundlage für dessen Bildung war ein Schichtenpaket mit Sedimentgesteinen unterschiedlicher Widerständigkeit. Nach einer Aufwölbung fallen die Schichten östlich des Rheins überwiegend nach (Süd-)Osten und westlich des Rheins nach Westen ein. Bei starker tektonischer Verstellung (Einfallswinkel und Einfallsrichtung) der Schichten sind die Abstände der einzelnen Stufen geringer; größere Distanzen entstehen durch flachere Einfallswinkel. Im Süddeutschen Schichtstufenland bilden Kalk- und Sandsteine die Stufenbildner, Mergel und Tonsteine die Sockelbildner (BAUMHAUER, R. (2006), S.126).

„Symmetrisch zum rechtsrheinischen Schichtstufenland erstreckt sich das linksrheinische vom Pfälzerwald und den Nordvogesen nach Frankreich." (AHNERT, F. (2003), S.304).

Im Pariser Becken finden sich Schichten des Tertiärs, welche die geologisch jüngsten Stufenbildner des Schichtstufenlandes darstellen. Das Schichtstufenland reicht in Nordwestfrankreich bis an die Kanalküste bei Calais und Boulogne. Es setzt sich dann jenseits des Ärmelkanals im südenglischen Schichtstufenland fort und weist eine Symmetrie zu der Schichtenfolge rechts des Rheins auf.

3.5.1. Aufbau des Süddeutschen Schichtstufenlandes

Über den Sandsteinen der Buntsandsteinzeit liegen die Ablagerungen des Muschelkalks. Der Untere, wie auch der Obere Muschelkalk bestehen vorwiegend aus Kalksteinen, wohingegen der Mittlere Muschelkalk Tonsteine, Dolomite, Steinsalze, sowie Gipse beinhält. Ist der Muschelkalk mit Löss überdeckt, entwickeln sich fruchtbare Böden. Als sogenanntes Gäuland wird das „vom Kraichgau (...) in nordöstlicher Richtung bis zum Südrand der Rhön reichende, intensiv ackerbaulich genutzte Löss-Muschelkalk-Gebiet mit den oft eingeschnittenen Tälern von Main, Jagst und Tauber [sowie] ihren Nebenflüssen" (HENNINGSEN, D., KATZUNG, G. (2006), S.110) bezeichnet.

Die folgenden, jüngeren Ablagerungen des Keupers setzen sich aus Tonsteinen, Mergeln, Letten und Sandsteinen zusammen und nehmen im Süddeutschen Schichtstufenland große Flächen ein. Die nächste Schicht der Jura-Zeit bietet einen enormen Reichtum an Versteinerungen, besonders Ammoniten. Der Untere Jura, der auch als Lias oder Schwarzer Jura bezeichnet wird, setzt sich hauptsächlich aus dunklen Tonsteinen zusammen. Über dem Schwarzen Jura (Lias) folgt der Braune Jura (Dogger) mit seinen tonig-sandigen Eigenschaften. Oft werden Doggergebiete bei tonigem Untergrund als Wiesenfläche genutzt. Obstbaum-Kulturen und Ackerflächen findet man in den sandigen Partien der Doggergebiete. Die oberste und jüngste Schicht des Süddeutschen Schichtstufenlandes bildet der Weiße Jura (Malm), der aus Kalkstein (hier Riffkalk) besteht. Die hohe Verwitterungsbeständigkeit dieses Schichtstufenlandes führt zu einer Steilstufe, dem Albtrauf. Diese Schichten haben vor allem in der Schwäbischen und Fränkischen Alb eine weite Verbreitung (HENNINGSEN, D., KATZUNG, G. (2006), S.110).

3.5.2. Schwäbische und Fränkische Alb

„Von den genannten Sedimentgesteinen bildet nur der Malm- oder Weißjurakalk eine annähernd durchgehende Schichtstufe, nämlich die hohe Schwäbische und Fränkische Alb" (AHNERT, F. (2003), S.303).

Vor deren Albrand liegen Zeugenberge, unter anderem der Zollernberg mit der Burg Hohenzollern. Das Nördlinger Ries bildet die Grenze zwischen der Fränkischen und der Schwäbischen Alb. Es entstand im Miozän durch einen Meteoriteneinschlag und hat einen Durchmesser von etwa 20 km. Es ist gefüllt mit Seeablagerungen aus der Tertiär-Zeit, sowie quartärem Löss.

„Die nördlichen und westlichen Schichtstufenränder der Schwäbischen und Fränkischen Alb bilden keine gerade Linie. Sie sind durch viele Täler zergliedert und eingebuchtet" (HENNINGSEN, D., KATZUNG, G. (2006), S.110). Der Albtrauf ist sehr steil und meist bewaldet, die Alb Hochflächen (Flächenalb) sind dünn besiedelt, werden jedoch auch teilweise landwirtschaftlich genutzt.

Die Malm-Kalksteine der Schwäbischen und Fränkischen Alb weisen Verkarstungserscheinungen (Karren, Spalten, Schlote und Dolinen) auf. Es gibt Trockentäler, sowie Höhlen mit Tropfsteinbildungen. Oft versickern Wasserläufe und treten in Karstquellen wieder auf. Ein bekanntes Beispiel ist hier die Donau-Versickerung bei Fridingen, Tuttlingen und Immendingen. Dort verliert die Donau einen Teil ihres Wassers, welches „im 12 km südlich gelegenen Aachtopf bei Aach, nördlich von Singen, wieder herauskommt und nun über den Bodensee dem Rhein zufließt" (HENNINGSEN, D., KATZUNG, G. (2006), S.111).

Auf der Ostflanke der Fränkischen Alb überlagern tonig-sandige Schichten der Kreidezeit die Malm-Kalksteine. Am Südwestzipfel der Schwäbischen Alb bei Sigmaringen, sowie flussabwärts bei Neuburg schneidet sich die Donau tief durch die Kalksteine der Malm-Stufe.

„Am Südrand der Schwäbischen Alb haben sich an einigen Stellen (...) Reste der früheren Steilküste des Meeres aus der Miozän-Zeit des Tertiärs erhalten, das von Südosten an die Malm-Kalksteine brandete" (HENNINGSEN, D., KATZUNG, G. (2006), S.111).

LITERATUR- UND QUELLENANGABEN

AHNERT, F. (2003): Einführung in die Geomorphologie. Stuttgart: UTB. 440 Seiten.

BAUMHAUER, R. (2006): Geomorphologie. Darmstadt: Wissenschaftliche Buchgesellschaft.
144 Seiten.

BLUME, H. (1991): Das Relief der Erde. Ein Bildatlas. 140 S., Teubner, Stuttgart.

BLUME, H. (1971): Probleme der Schichtstufenlandschaft. Darmstadt: Wissenschaftliche
Buchgesellschaft. 117 Seiten.

BUSCHE, D., KEMPF, J. & STENGEL, I. (2005): Landschaftsformen der Erde: Bildatlas der
Geomorphologie. Darmstadt: Wissenschaftliche Buchgesellschaft. 260 Seiten.

DIERCKE (2007): Geographie. Herausgegeben von: LATZ, Wolfgang. Braunschweig.
Westermann Verlag.

EITEL, B.. (1999): Bodengeographie. Braunschweig: Westermann. 155 Seiten.

FISCHER, F.. (1998): Die Schichtstufenlandschaft als strukturbedingter und klimabeeinflußter
Formenkomplex. Blieskastel: Selbstverlag. 120 Seiten.

GEBHARDT, H., GLASER, R., RADTKE, U. & REUBER, P. [Hrsg.](2007): Geographie: Physische
Geographie und Humangeographie. München: ELSEVIER - Spektrum Akademischer Verlag.
1096 Seiten.

HENNINGSEN, D., KATZUNG, G. (2006): Einführung in die Geologie Deutschlands. München:
Spektrum Akademischer Verlag. 234 Seiten.

PRESS F., SIEVER, R. (1995): Allgemeine Geologie. Heidelberg: Spektrum Akademischer
Verlag. 583 Seiten.

SEMMEL, A. (1991): Relief, Gestein, Boden: Grundlagen der physischen Geographie.
Darmstadt: Wissenschaftliche Buchgesellschaft. 148 Seiten.

ZEPP, H. (2004): Geomorphologie. Stuttgart: UTB. 354 Seiten.

Internetquellen:

http://www.zum.de/Faecher/Ek/BAY/gym/Ek11/schichtstuf.htm (17.06.08)

Bilderverzeichnis:

Abb.1: AHNERT, F. (2003): Einführung in die Geomorphologie. Stuttgart: UTB. S.291.

Abb.2: http://www.zum.de/Faecher/Ek/BAY/gym/Ek11/schichtstuf.htm (20.6.08)

Abb.3: GEBHARDT, H., GLASER, R., RADTKE, U. & REUBER, P. [Hrsg.](2007): Geographie: Physische Geographie und Humangeographie. München: ELSEVIER - Spektrum Akademischer Verlag. S.324.

Abb.4: AHNERT, F. (2003): Einführung in die Geomorphologie. Stuttgart: UTB. S.296.

Abb.5: HENNINGSEN, D., KATZUNG, G. (2006): Einführung in die Geologie Deutschlands. München: Spektrum Akademischer Verlag. S.112